CONGRÈS CENTRAL D'AGRICULTURE.

RAPPORTS

DES DEUX

COMMISSIONS DES VINS,

SESSIONS 1844 ET 1845.

Extraits des discussions. — Vœux du Congrès.

Imprimé aux frais de la Commission de 1845.

PARIS.

IMPRIMERIE DE Mme Ve DONDEY-DUPRÉ,

Rue Saint-Louis, 46, au Marais.

1846

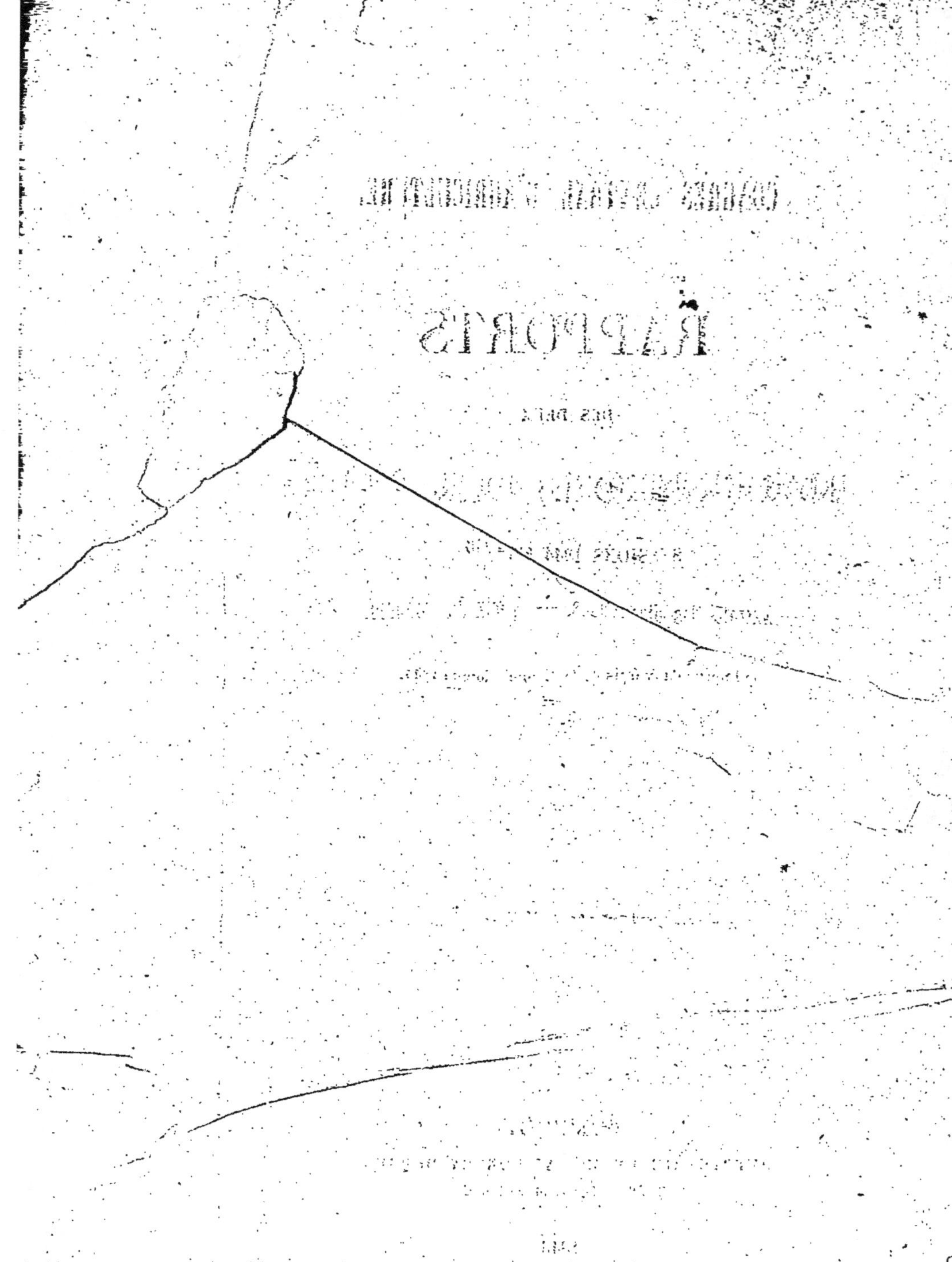

CONGRÈS CENTRAL D'AGRICULTURE.

RAPPORTS

DES DEUX

COMMISSIONS DES VINS,

SESSIONS 1844 ET 1845,

Extraits des discussions. — Vœux du Congrès.

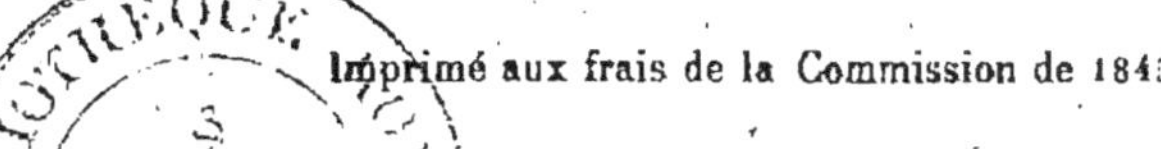

Imprimé aux frais de la Commission de 1845.

PARIS.

IMPRIMERIE DE Mme Vᵉ DONDEY-DUPRÉ,

Rue Saint-Louis, 46, au Marais.

1845

Composition de la Commission.

MM. TESNIÈRES, Député (Charente), Président.
JULIEN (Yonne), Vice-Président.
DEZEIMERIS Député (Dordogne), Rapporteur.
LÉON DE LAFERRIÈRE (Rhône), Secrétaire.
ALBERT (Charente).
Le Marquis D'ALBON (Rhône).
BERTON aîné (Lot).
Le Baron COLLIBEAUX DE CHAMPVALLON (Yonne).
MASSON (Côte-d'Or).
MARÈS (Hérault).
GERMAIN DE MONTAUZAN (Rhône).
PLACE-LAFON (Rhône).
PELISSIER (Gironde).
RASTEAU Député (Charente-inférieure).
ROUFFIA (Pyrénées-Orientales).

AVERTISSEMENT.

La Commission chargée en 1845 de la question vinicole au Congrès central d'agriculture publie les rapports de 1844 et 1845 et un abrégé des discussions qui les ont suivis. Voici ses motifs :

Un premier pas vers la conciliation de tous les vœux nés des souffrances et des besoins des diverses branches du travail national agricole avait été fait dans le Congrès de 1844. Grâce à un mutuel esprit de bienveillance et de concorde, la question des vins s'est dégagée de tout ferment d'irritation entre le Nord et le Midi. Le Congrès s'est préoccupé à la fois de la masse des producteurs, de celle des consommateurs, et des intérêts bien entendus du Trésor et des villes.

En 1845, la commission des vins, comprenant dans le même vœu les cidres et poirés, sous le nom légal de boissons, a fait un pas de plus qu'en 1844 ; elle a précisé dans quelle proportion les droits d'entrée et d'octroi pouvaient être abaissés sans dommage pour l'Etat. Elle a démontré par des faits irrécusables la vérité que voici : réduire largement les taxes dont le taux exagéré paralyse le commerce loyal d'une denrée utile à tous dans son usage journalier et modéré, c'est désintéresser la fraude qui élude les droits ou qui falsifie la marchandise ; c'est maintenir l'équilibre dans le produit de cette branche des revenus de l'Etat, en compensant par la quotité des perceptions la différence résultant de la réduction de chaque article des tarifs. Inutile d'ajouter que le vœu émis par le Congrès en 1844 sur l'abolition avant 1852, et dans le plus bref délai possible, des surtaxes d'octroi, reste dans toute sa force.

Les droits d'entrée et d'octroi ne sont pas les seuls à réformer. Les droits de circulation coûtent en frais de perception plus de 28 pour 100 de leur produit ; ils sont basés sur une classification anormale ; perçus au point de départ, ils le sont suivant *le lieu de destination* et *autant de fois que la denrée change de main* ; le privilége de leur exemption est subordonné à des formalités minutieuses, inquisitoriales, compromettantes pour la marchandise (articles 11 et 12 du budget de 1844).

Quant aux droits de détail, est-il juste de les percevoir sur l'accroissement de valeur que donnent aux boissons les droits d'entrée et d'octroi déjà acquittés ? Ne serait-il pas équitable de faire de *l'abonnement* la règle, et de *l'exercice* l'exception ?

La réforme de cette partie de la législation sur les boissons était dans la pensée de tous les délégués des départements producteurs de vins ou de cidres.

Ces graves questions n'ont pas été désertées par la Commission de 1845, elles ont été réservées ; les prochains Congrès les résoudront. Notre gouvernement a sous les yeux l'exemple du ministère anglais. En réduisant largement les droits sur le thé, le café, les sucres, le sel, la matière première de la boisson nationale chez nos voisins (la drèche), le cabinet britannique a augmenté les revenus de l'Etat, loin de les diminuer : ses documents officiels le constatent. Le célèbre Turgot les avait précédés dans cette voie, en réduisant de moitié, avec profit pour les finances de la ville de Paris, les droits sur la marée.

Espérons que le gouvernement, cédant enfin à l'inspiration de ses véritables intérêts, ne refusera pas plus longtemps satisfaction à ceux de l'industrie viticole.

J. M. BERTON (du Lot).

RAPPORT

FAIT

PAR M. DEZEIMERIS,

LE 3 MARS 1844.

MESSIEURS,

Je ne puis me dispenser, avant de commencer ce rapport, d'exprimer le chagrin que j'ai eu de ne pouvoir consacrer à le préparer le temps qu'aurait demandé une question de cette importance. Depuis jeudi, jour où la commission me fit l'honneur de me nommer rapporteur, les graves discussions de la chambre des députés ont fait à tous ses membres un devoir d'y assister; et l'indisposition sérieuse dont je suis affecté m'a rendu presque tout travail impossible dans les moments de liberté que me laissait l'accomplissement de ce devoir. J'aurai donc le regret de ne vous présenter qu'un rapport insuffisant et incomplet. Dans la discussion, les membres de la commission voudront bien, par leurs explications, suppléer à ce qu'il aura d'insuffisant, et en combler les lacunes.

Je passerai fort rapidement sur les points de la question vinicole qui ont été le plus complétement traités et que tout le monde connaît; mais j'insisterai sur quelques autres, auxquels on ne me semble pas avoir donné l'attention qu'ils méritent. J'espère montrer, en particulier, que c'est pour avoir présenté la question vinicole sous un faux jour, qu'on a amené un grand nombre de

1

personnes à considérer l'intérêt des producteurs de vins comme opposé aux intérêts généraux de l'agriculture, et les réclamations qu'élève leur détresse comme hostiles à la prospérité dont jouissent ceux qui se livrent à d'autres genres d'industrie.

Après la production du bétail, condition essentielle et fondamentale de toutes les autres ; après la production du blé, la plus importante et la plus riche de toutes les productions connues, il n'en est point qui puisse disputer le premier rang à la culture de la vigne. Deux millions d'hectares, donnant un produit d'une valeur de plus d'un demi-milliard, occupant les bras de deux millions de travailleurs, et faisant vivre une foule d'industries, ont, dans l'existence agricole de notre pays, une importance de premier ordre, que personne ici ne voudrait contester.

Ce fut longtemps pour la France un merveilleux privilége de posséder presque seule en Europe une aussi riche industrie ; et ce sera toujours pour elle un précieux avantage, grâce aux conditions admirablement appropriées de son climat, de pouvoir se procurer un produit aussi précieux que le vin sur des terrains qui, en d'autres pays, ne seraient susceptibles de se couvrir que de pauvres bois ou de tristes bruyères. Mais tous ces avantages, que la nature semblait nous avoir départis avec une sorte de prédilection, l'industrie rivale de plusieurs nations voisines, la jalousie des Anglais, quelques erreurs des cultivateurs de vigne, l'infidélité du commerce, le brigandage des fraudeurs, et par-dessus tout les taxes et surtaxes des villes, les extorsions du fisc, menacent de les anéantir. La situation de l'industrie vinicole française en général, et notamment celle de la région sud-ouest, est vraiment désastreuse, et un grand intérêt national nous ordonne de la changer à tout prix. En deux mots : le prix que le cultivateur tire de la vente de son vin, dans plusieurs de nos départements, ne suffit qu'à peine à rembourser les frais de culture de la vigne. Voilà le mal dans toute sa profondeur, mais dans toute sa vérité. Vous devez en chercher les causes et le remède avec la sollicitude que vous avez accordée à plusieurs autres branches de l'industrie agricole en souffrance.

Les causes d'un mal aussi profond, on le devine, sont nombreuses et variées. Nous nous attacherons surtout à dévoiler l'influence de celles qu'il n'est pas hors de notre puissance d'atteindre et de modifier, et l'on verra qu'il faut placer en première ligne les charges énormes, exorbitantes, qui pèsent sur les producteurs de vins. Cent cinquante-trois millions de contribution foncière, de droits de circulation, de droits de consommation et d'octrois ! Quelle industrie au monde serait capable de supporter un pareil fardeau sans y succomber ?

On s'est longtemps fait illusion, on a voulu à tout prix trouver ailleurs la cause de nos désastres.

On a accusé la restriction de notre marché extérieur, la perte de quelques-uns de nos débouchés, suite de l'énormité des droits dont on a partout frappé les vins avec une prédilection marquée.

Oui, partout les douanes nous font obstacle, le fait n'est que trop vrai ; mais on s'est mépris sur sa véritable cause. Dans ces droits prohibitifs, les économistes n'ont voulu voir que des représailles contre ceux dont nous avions frappé nous-mêmes les produits étrangers. Erreur ! ce n'est point nous qui nous sommes engagés les premiers dans le système prohibitif ou protecteur, et nous sommes toujours restés assez loin de ceux qui, nous ayant précédés, nous avaient servi de modèle.

Ce système protecteur est d'ailleurs commandé désormais invinciblement à toutes les nations parvenues à un haut degré de richesse et de civilisation. Laissons aux utopistes la liberté d'en rêver l'abandon, pour une époque qu'aucun d'eux n'oserait assigner, même dans un avenir lointain; une telle chimère ne saurait trouver place dans l'esprit des hommes pratiques, qui savent qu'avec les progrès de la civilisation et de la richesse s'accroissent la valeur capitale du sol et par conséquent le prix de la main-d'œuvre, les dépenses publiques et par conséquent les impôts, éléments de cherté dans les prix de revient, qui ne permettent pas de soutenir la concurrence des produits de pays placés dans des conditions toutes différentes.

Quoi qu'il en soit de ce système restrictif, qui arrête partout l'extension de nos exportations, de récentes et tristes expériences nous montrent dans quelle mesure il faut espérer de le voir abandonner, de la part même des nations qui nous auraient fait payer le plus cher la promesse de cet abandon. Le gouvernement français a conclu, il y a peu d'années, un traité avec la Hollande. Nous avons fait à cette puissance une concession qui n'a pu se faire qu'au préjudice de notre marine et de nos entrepôts : celle d'importer les denrées coloniales par nos frontières de l'est. En échange, on a obtenu en faveur de nos vins une réduction de moitié sur les droits de douane. Ils étaient de 3 fr. par tonneau (de 912 litres), c'était une faveur de 1 fr. 50 c.; mais les droits d'accise et d'octroi ont été maintenus; or, ces droits sont, le premier, de 336 fr., et le second, en prenant Amsterdam pour exemple, de 166 fr.; c'est-à-dire que, grâce au traité, et en retour de nos concessions, nous ne payerons plus que 503 fr. 50 c. au lieu de 505 fr., pour faire consommer un tonneau de notre vin en Hollande. N'est-ce pas là une perspective bien avantageuse?

En Belgique, nous n'avons guère été moins heureux. Nous avons accordé aux produits de l'industrie linière de nos voisins une faveur de 50 p. °/₀ sur les produits anglais. En échange, qu'a-t-on stipulé en faveur de nos vins? Le voici : le chiffre total des impositions qui les grevaient a été réduit de 500 à 427 fr. par tonneau; et, comme si cette faveur était un trop haut prix payé en échange de nos concessions, les vins d'Allemagne ont été appelés à y participer.

Quelle foi si robuste dans les traités de commerce ne serait ébranlée par de tels exemples? quand il s'agit, du moins, de traités entre nations européennes, dont la plupart des produits sont similaires, et qui ont toutes à peu près les mêmes industries à protéger.

Un fait grave, d'ailleurs, ne permet point que nous retrouvions jamais dans l'avenir les débouchés que nos vins avaient autrefois dans des pays qui nous touchent.

L'Allemagne, par exemple, connaissait à peine, il y a un demi-siècle, et sur des points fort restreints de son immense territoire, la culture de la vigne. C'était à son usage qu'étaient destinés une partie des vins que les Hollandais venaient chaque année nous enlever en si grande abondance; ce qui ne nous empêchait pas d'en expédier nous-mêmes directement en grande quantité.

L'Allemagne a fait comme nous; elle a cédé à ce besoin, qui entraîne irrésistiblement toutes les nations, de produire chez elle tous les objets de consommation de première nécessité, et le vin est de ce nombre. La vigne occupe aujourd'hui de vastes étendues, non-seulement sur les bords du Rhin et en Hongrie, où on la connaissait déjà depuis longtemps, mais aussi jusque dans l'intérieur du Wurtemberg, de la Bavière, des états autrichiens. Les choses en sont venues au point qu'en Autriche, comme chez nous, des comités vinicoles se forment pour aviser aux moyens de soutenir un produit important dont les prix tendent à s'avilir.

Si l'on ajoute à cela l'extension incessante que prennent, sur tous les points du territoire des nations germaniques, les distilleries de pommes de terre, d'où provient une énorme quantité d'alcool, on jugera combien peu il reste de place dans ces pays pour les vins et les spiritueux de France ou d'ailleurs.

L'Angleterre a beaucoup réduit la consommation qu'elle faisait autrefois de nos vins et eaux-de-vie ; et si nous n'avions retrouvé au delà des mers quelques débouchés nouveaux, tandis que nos exportations de tout genre ont augmenté depuis un quart de siècle dans une grande proportion, celle-ci aurait subi une révolution en sens inverse. Toute compensation faite, nos ventes de vins et eaux-de-vie à l'étranger sont restées à peu près ce qu'elles étaient autrefois : elles enlèvent de la vingt-cinquième à la trentième partie de nos récoltes. Exception faite de cette part trop minime, nos vins n'ont de consommateurs que chez nous. Ainsi, pour qui comprend la question vinicole et apprécie les faits sans prévention, ni les causes principales du mal qui nous travaille depuis quinze ans, ni les ressources importantes et prochaines ne sont à l'extérieur.

Tournons donc nos regards sur notre propre marché, et voyons quels faits s'y sont produits qui aient pu amener pour le cultivateur de vignes cet état de souffrance qui excite notre sollicitude.

D'où vient que, pour le producteur, le prix de vente est tellement vil, qu'il peut à peine, dans plusieurs départements, couvrir les frais de culture? que, pour le consommateur, le prix est tellement élevé, qu'il met obstacle à la consommation?

Pressés de s'occuper sérieusement du sort d'une grande industrie en décadence, les hommes d'état ont cru la forcer à se taire et à être quittes avec leur conscience en déclarant qu'il y avait encombrement dans la denrée, excès de production ; que le cultivateur ne pouvait accuser que lui-même de ses souffrances, et qu'il n'y avait d'autre remède que d'arracher une partie des vignes.

Cette assertion est une erreur. Il n'y a pas excès de production. Voici des faits qui le démontrent.

Avant 1789, la vigne occupait en France 1,555,000 hectares ; en 1843, l'espace occupé par cette culture ne va pas à 2,000,000 d'hectares. C'est moins de 28 p. % d'augmentation de la culture, tandis que la population de notre pays s'est élevée de 25,000,000 à 34,000,000, ce qui donne une augmentation de 34 p. %.

Il faut tenir compte, il est vrai, d'un accroissement notable dans le rendement de la vigne, dont trois quarts d'hectare, cultivés avec plus de soin et plus d'engrais qu'ils ne l'étaient autrefois, donnènt aujourd'hui autant de vin qu'en pouvait donner un hectare entier. Mais à côté de ce fait, que nous n'entendons pas contester, il faut placer cette considération, qu'on ne nous contestera pas davantage : c'est qu'avec le progrès universel de l'aisance dans les classes moyennes et inférieures de la société, depuis notre grande révolution, les consommations de tout genre ont considérablement augmenté, notamment celles qui se rapportent au régime alimentaire ; en sorte que le besoin de faire usage du vin s'est certainement accru dans une plus forte proportion que la faculté de le produire.

Une autre preuve, non pas plus forte que la précédente, mais plus directe, pour établir qu'il n'y a pas en France excès dans la production du vin, c'est que tout se consomme, et même tout se consomme à un prix fort élevé.

Voilà une assertion qui étonne, au premier abord, et qui semble bouleverser les principes les plus incontestables de l'économie politique sur les rapports de l'offre et de la demande et leur influence respective sur les prix. Le fait est certain néanmoins, et l'on va le comprendre et cesser de s'en étonner. On s'imagina bien longtemps, par exemple, qu'il se produisait annuellement en France assez de blé pour nourrir ses habitants pendant deux ans; puis le préjugé fut reconnu pour être par trop grossier, et l'on pensa que la récolte, après avoir satisfait à la consommation annuelle, laissait subsister un excédant pouvant fournir un approvisionnement de six mois; plus tard, il devint évident que si chaque année moyenne produisait une quantité de blé qui ne pût être consommée qu'en quinze mois, au bout de deux années, l'encombrement serait tel, que les prix tomberaient au point de rendre impossible la culture du blé. Enfin, on en est venu à reconnaître que, année moyenne, il ne se produit de blé en France que fort peu au-dessous ou fort peu au delà de ce qui en doit être consommé. Eh bien! il en est précisément de même de la production du vin. S'il s'en faisait un quart de plus qu'on n'en peut boire, il ne vaudrait bientôt plus la peine d'être ramassé. Mais, dira-t-on, si tout se consomme, et si tout se consomme à un prix élevé, d'où viennent les plaintes des propriétaires? C'est que le producteur ne profite pas du prix de vente; entre l'acheteur et lui interviennent le fisc, la fraude, les octrois, etc., etc. Quand chacun a fait sa part, il ne reste que bien peu de chose pour la sienne. Une pièce de vin du Midi, vendue à Paris 100 fr., paye d'impôts 46 fr. 40 c.; elle a coûté à peu près autant pour la futaille, la voiture, d'autres frais divers; restent 10 ou 12 fr. au plus pour le propriétaire dont la vigne l'a produit.

Le fisc, la fraude, les octrois, ont rompu tous les rapports naturels qui doivent exister entre le producteur, pour lequel le prix de la denrée doit être assez élevé pour être rémunérateur, et le consommateur, pour lequel le taux en doit être assez modéré pour ne pas dépasser les moyens qu'il a de se la procurer.

En cet état de choses, une double lutte de concurrence s'est établie, d'une part, entre les producteurs de vin, pour se disputer le marché en arrivant à produire à assez bas prix pour trouver encore quelque bénéfice à ce misérable taux de vente; d'autre part, entre les marchands, pour se procurer une denrée qui coûtât moins encore que ces quelques francs restants après que le fisc a fait sa part.

Ici se présentent deux ordres de faits, bien différents l'un de l'autre au point de vue de la moralité, mais également désastreux dans leurs conséquences : erreurs ou fautes des cultivateurs de vignes; fautes et quelquefois méfaits des commerçants en vins. Quelques mots sur les uns et sur les autres.

La place naturelle de la vigne est sur les coteaux; ses produits n'atteignent toute leur perfection que dans des terrains maigres. C'était, nous l'avons déjà dit, un merveilleux privilége que la nature semblait avoir donné à la France, de pouvoir se procurer un aussi riche produit que le vin, sur des terres qui, dans d'autres conditions de climat, ne vaudraient pas la peine d'être mises en culture. Mais si les coteaux et les terrains maigres donnent du bon vin, ils en donnent peu : ils produisent par conséquent fort chèrement. Quand la modération des charges fiscales permettait au consommateur, sans de trop grands frais, d'accorder quelque chose à la qualité de sa boisson, le cultivateur trouvait sur le prix de sa denrée, quelque peu abondante qu'elle fût, de quoi s'indemniser de tous les soins qu'il prodiguait à son vignoble, pour obtenir des produits qui ne fussent jamais au dessous de sa réputation. Mais depuis que, pour boire un hectolitre de vin, le consommateur a dû en acheter le droit deux, trois ou quatre fois plus cher que ne vaut le vin lui-même, le fisc et les octrois absorbant la presque totalité des sommes dont il peut disposer pour cet objet, il n'est presque plus rien resté pour le cultivateur de vigne. Celui-ci s'est donc vu placé dans l'alternative ou de se ruiner en faisant une petite quantité de bon vin qu'on ne pouvait plus lui payer sa valeur, ou d'en faire abondamment de mauvais, qui ne manquerait jamais d'acheteurs, étant fait à l'usage du peuple, qui n'avait plus les moyens d'en acheter de meilleur.

Les propriétaires de vignes se sont mis, en conséquence, à fumer leurs vignobles. Ils ont planté en vignes de riches terrains de plaine, où l'on obtient des récoltes trois, quatre, six et jusqu'à dix fois plus abondantes que sur les coteaux. Ils ont fait choix des cépages dont les produits sont les plus mauvais, mais les plus abondants. Enfin, le goût des consommateurs se détériorant de plus en plus, par l'usage habituel de boissons détestables, et la question de quantité étant tout, celle de qualité absolument rien, on a vu la culture de la vigne se propager rapidement dans des départements où autrefois on la connaissait à peine, mais placés à peu de distance des grands centres de consommation, et pour lesquels cet avantage de position valait mieux que ne valait la possession des grands crûs, pour des contrées placées à de grandes distances et privées de voies économiques de transport.

Si les cultivateurs ont été entraînés dans toutes ces fautes, et notamment dans celle qui vient d'être indiquée en dernier lieu, c'est en partie le résultat du triste état de l'agriculture dans les contrées où ces faits se sont passés. Si, dans le Cher, l'Orléanais et le Gâtinais, l'on eût connu l'art de tirer parti de la terre, en en consacrant une étendue proportionnelle fort considérable à produire du bétail et du fumier, ce qui procure les moyens d'obtenir de riches produits sur le reste, on aurait trouvé moins d'avantage à faire de détestable vin, là où l'on aurait pu obtenir d'abondantes céréales ou d'autres récoltes non moins précieuses. C'est en propageant ces notions si simples, c'est en donnant s'il le faut de forts encouragements à la substitution des prairies artificielles à la vigne, qu'on parviendra à confiner de nouveau celle-ci dans les contrées et sur des terrains que la nature lui avait spécialement assignés.

Nous avons dit les erreurs ou les torts des vinicoles, voyons maintenant ceux des commerçants en vins.

Le premier, et l'un de ceux dont les résultats ont été le plus fâcheux, parce que ce fut la première atteinte portée à cette loyauté qui devrait être l'âme du commerce, ce fut de vendre sous des noms supposés des vins provenant du coupage de plusieurs crûs de qualités très-diverses, où les plus communs fournissaient la plus grande part, et où ceux d'une réputation supérieure n'entraient, en bien petite proportion, que pour donner leur nom au mélange. Par là, une double atteinte fut portée aux vins en renom ; car, d'une part, on s'accoutuma à régler leur valeur au tarif de leurs pseudonymes, et de l'autre, on apprécia leur qualité, *on les classa*, d'après ces échantillons qu'on prenait pour authentiques. Ce fut là le principe d'une perturbation profonde dans le commerce, et une cause puissante de la détérioration du goût des consommateurs. Comment obtenir désormais un prix raisonnable des vins de qualité, un prix suffisant même pour en payer les frais de production, quand on trouvait partout à acheter de prétendus vins de Médoc, de Sauterne, ou tels autres vins de grand nom, aux prix des vins les plus vulgaires ? et comment les meilleurs crûs auraient-ils conservé

leur valeur dans l'opinion des consommateurs, quand
chaque jour ceux-ci constataient l'infériorité des produits
qui en portaient le titre?

Que pendant dix ans le commerce s'entende pour
vendre sous le nom de drap de Sédan les produits de
nos plus mauvaises fabriques, et l'on verra s'il sera
facile ensuite aux plus habiles manufacturiers de cette
ville d'obtenir de leurs produits un prix qui en repré-
sente la valeur réelle. Et combien n'est-il pas plus difficile encore d'apprécier à leur valeur véritable des produits vinicoles dont la réputation aurait été compromise?
Il est bien entendu qu'on ne parle ici que de la classe
commune des consommateurs, où les gourmets sont en
petit nombre, en laissant les connaisseurs à part, qui
ne sont jamais embarrassés de distinguer le bon du
mauvais, sous quelque titre qu'on le leur présente.
Quel immense dommage le commerce extérieur n'a-t-il
pas porté à nos vins les plus renommés par ces coupages
de vins vulgaires, ou par la substitution déloyale d'un
grand nom au nom véritable et beaucoup plus modeste
des vins qu'il expédiait?

Le coupage des vins est donc, quoi qu'on en ait dit,
un premier genre de fraude, et une fraude ruineuse
pour tous les crûs dont on cherche à imiter les qualités
et dont on dérobe les noms. Nous aurons à vous proposer l'émission d'un vœu pour l'établissement d'une
mesure qui, si elle ne pouvait réussir à supprimer un
aussi grave abus, ce qui est fort difficile, aurait du moins
pour résultat de l'amoindrir.

Il est un autre genre de fraude plus désastreuse encore, parce qu'elle s'attaque à tout et que les vins communs n'échappent pas plus à son influence que ceux

de qualité supérieure; c'est celle qui substitue aux uns et aux autres des liquides qui n'ont du vin que le nom; c'est l'art d'acheter *dix* pièces de vin et d'en vendre *quinze*, ou plus encore; en un mot, ce sont les *falsifications*. Mais avant de vous en entretenir et de chercher les moyens d'y mettre un terme, il convient de signaler la cause qui a le plus contribué à les faire naître. Cette cause est le taux exorbitant des contributions indirectes et des octrois, et la prime énorme qui résulte de leur exagération pour qui trouve le moyen de s'en affranchir.

Ce n'est point ici le lieu de s'engager dans un examen approfondi des avantages et des inconvénients des impôts de consommation considérés d'une manière générale. Nous ne nous arrêterons point à discuter la question de savoir s'ils ne pèsent pas d'un poids odieusement inégal sur les diverses classes de la société; nous ne rappellerons qu'un seul principe, que tout le monde invoque à leur occasion : leurs partisans, pour signaler un avantage spécial, un véritable privilége de ces impôts; leurs adversaires, pour y voir du moins une justification du choix qu'on en a fait entre diverses charges également onéreuses; ce principe, c'est que, dans l'esprit du contribuable, l'impôt de consommation se confond avec le prix de la denrée, et passe inaperçu; principe vrai, principe important et de haute politique. Mais, de grâce, par quel prestige faire entrer dans l'esprit du consommateur que *cinquante francs* de droits de toute sorte ne sont qu'une portion du prix naturel d'une pièce de vin qui n'en vaut pas *quinze* dans le chais du vigneron qui l'a récoltée? Que devient, par rapport aux droits actuels sur les vins, le privilége tant vanté

des impôts de consommation? Il y a donc là à opérer
une grande, une impérieuse réforme ; mais trop grande
pour que nous osions ici l'aborder; l'initiative doit par-
tir de plus haut que le Congrès central d'agriculture.
Nous ne vous proposerons pas d'attaquer le mal dans sa
racine ; nous nous contenterons pour le moment d'en
émonder les branches exubérantes. Nous ne dirons donc
rien maintenant des droits de circulation ; rien des
droits de consommation, peu de chose du droit d'entrée
dans les villes perçu au profit de l'État, mais nous ne
craindrons pas d'attaquer ce qu'il y a d'excessif, d'exorbitant, d'odieux dans les droits d'octroi et dans les surtaxes dont les vins sont frappés. Les droits d'octroi n'at-
teignant les vins que pour épargner d'autres objets de
consommation, et frappant ainsi exceptionnellement
ce que le fisc a déjà frappé, sont injustes quand ils sont
simples, ils sont monstrueux quand ils sont grossis par
une surtaxe. Sous la législation antérieure à la loi du
28 avril 1816, le taux du droit d'octroi perçu sur les
boissons avait sa limite dans celui du droit d'entrée
perçu au profit du trésor; il ne pouvait jamais dépasser
ce dernier. Cette règle était générale, absolue, sans
exception. En principe, la loi du 28 avril 1816 consa-
cra la même règle; mais ce principe fut affaibli par
une exception qui n'a pas eu de limites. L'article 149
de cette loi porte que : « Les droits d'octroi qui seront
établis à l'avenir sur les boissons ne peuvent excéder
ceux perçus au profit du Trésor. » Puis, il ajoute que :
« si une exception à cette règle devenait nécessaire,
elle ne pourrait avoir lieu qu'en vertu d'une ordon-
nance spéciale du roi. »

S'est-on, dans la pratique de cette exception, res-

treint aux *cas de nécessité* et aux *cas de nécessité acciden-
telle* que prévoyait cet article? car les mots : *si une
exception devenait nécessaire,* indiquent suffisamment
ce caractère accidentel et passager, et c'est ainsi que
l'entendirent les législateurs et l'administration (Voir
la circulaire adressée aux préfets, le 1er juin 1823, par
le directeur général des contributions indirectes). N'a-
t-on jamais autorisé ces surtaxes que lorsqu'il était
bien démontré que les revenus de la commune qui les
réclamait étaient insuffisants pour ses besoins, et qu'elle
avait imposé au tarif de son octroi *tous les éléments
de perception, au taux où ils sont susceptibles de l'être*
(même circulaire)? Bien loin de là, on s'est, sans règle
ni mesure, jeté sur les produits du cultivateur de vignes,
pour soulager tout autre genre de production. Il y a
plus : après avoir exigé des vins leur part, plus que leur
part de contributions indirectes, on a été jusqu'à les
rançonner pour en tirer une partie du contingent d'une
contribution directe qu'on voulait amoindrir.

Ce sont les malheureux propriétaires de vignes du
Midi qui ont dû faire les frais des travaux d'assainis-
sement et d'embellissement des villes du Nord. Et il
s'est trouvé des hommes qui ont prétendu justifier ces
énormités, en attribuant à la fécondité et à la richesse
de la culture de la vigne, une valeur qui a pu être
réelle accidentellement à quelques époques passagères,
mais qui est aujourd'hui à une distance prodigieuse de
la réalité. Toutes ces exactions fiscales ont trouvé des
apologistes, assez étrangers aux principes de l'économie
politique pour oser soutenir que les droits d'octroi,
de consommation et autres, n'atteignent que le consommateur, et que le producteur n'avait ni droit

ni motif de s'en plaindre. Il n'est point nécessaire, assurément, de s'arrêter à réfuter de telles doctrines ; que ces auteurs, aveuglés par leurs intérêts de citadins et d'hommes du Nord, se demandent ce qui adviendrait de la prospérité de leurs manufactures, si chaque aune de leurs étoffes ne pouvait plus arriver désormais aux consommateurs qu'après avoir acquitté une série de droits qui en doublassent le prix. Il faut le reconnaître, dès qu'on sort du droit commun, du principe de l'égale répartition des charges communes sur tout le monde, l'établissement des octrois n'est plus que le rétablissement déguisé des barrières, des prohibitions et des interdictions de l'ancien régime.

C'est véritablement le caractère qu'ils ont pris dans 450 villes de France. Les taxes et les surtaxes dont les vins y sont frappés, sont chargées de supporter la plus grande partie des dépenses de luxe, comme celles de la salubrité publique, et de diminuer le fardeau que devraient naturellement supporter d'autres objets de consommation qu'on tient à ménager.

Qu'on nous permette de placer ici quelques remarques sur l'influence que ces droits oppressifs ont exercée sur le prix courant des vins.

Le négociant, calculant le taux de ses achats sur les moyens pécuniaires du consommateur, commence par faire entrer en ligne de compte toutes les sommes qui, avant d'arriver à ce dernier, seront prélevées par le fisc et par les octrois, de même qu'il fait entrer en ligne de compte les frais d'entretien et de transport. Toutes ces sommes et dépenses une fois additionnées, il voit le peu qu'il est possible d'y ajouter à titre d'achat de la denrée, en se réservant la faculté d'y ajouter son bénéfice sans en rendre le prix tout à fait inabordable à la plupart des consommateurs. Ce prix d'achat se trouve , on le comprend, réduit à presque rien. Encore si toutes ces villes à surtaxe n'exerçaient d'influence que sur les prix des vins qu'elles doivent consommer, il resterait aux cultivateurs de vignes la ressource du marché rural et des petites villes; mais ce sont les premières malheureusement qui, comme les plus importantes, constituent le marché régulateur des prix. Chacun de vous sait parfaitement, messieurs, que si, dans quelques-uns de nos marchés à céréales les plus importants, on supposait qu'il se fût introduit secrètement et sans droits des blés étrangers, et que des ventes considérables s'y fissent à 25 p. % au-dessous du cours, il n'en faudrait pas davantage pour amener bientôt sur tous les marchés une baisse analogue. Or, c'est exactement là ce qui se passe à l'égard du vin. Le vil prix auquel l'ont coté les marchands qui achètent pour Paris ne saurait être dépassé par ceux qui achètent pour tout autre endroit; le cours est établi, il faut le subir.

Il faut donc sortir de cette position; il le faut à tout prix ; c'est pour nous une question de vie ou de mort.

Il le faut, d'ailleurs, si l'on veut mettre un terme à ces manœuvres déloyales, frauduleuses, qui envahissent de plus en plus, chaque jour, le commerce des vins des grandes villes, et finiraient par le déshonorer tout entier.

Il suffit de considérer l'énormité des droits auxquels sont soumis les vins qui pénètrent dans l'intérieur des villes et arrivent au consommateur, pour avoir la certitude que l'appât offert à la cupidité de qui saurait s'y soustraire, a dû bien vite faire naître et prospérer l'art de multiplier, d'étendre dans une proportion considérable, les quantités de vins qui y sont une fois parvenues. L'existence de ce genre de fraude que, d'avance, on aurait si facilement devinée, est constatée depuis longtemps par une multitude de procès-verbaux, de poursuites, de condamnations. Les agents de l'administration chargés de la surveillance du commerce des vins dans Paris estiment que les falsifications qui s'y font annuellement augmentent d'environ 160,000 hectolitres la quantité du vin qui a acquitté des droits à la barrière. Il ne se peut pas que cette évaluation ne soit fort au-dessous de la réalité, car les quantités de vins introduites dans Paris en 1840 et 1841 ne fourniraient qu'un contingent de cent litres par habitant, tandis qu'on sait que, avant 1809, époque où les droits étaient moitié moindres, et où l'on avait moins d'intérêt à en fabriquer dans Paris, le chiffre des droits acquittés indiquait une consommation de 145 litres par habitant. Des données habilement rapprochées par M. David Macaire et par M. Mauguin les ont portés à penser que la fabrication frauduleuse du vin dans Paris ne va pas à moins de 400,000 ou 500,000 hectolitres. C'est probablement mettre les choses fort bas que l'estimer à 300,000.

Donnez au marchand quelques gros vins, soit de l'Orléanais, soit du Midi : permettez-lui de cacher sous cette robe de larges doses d'alcool. Rendu chez lui, il trouvera dans son puits tout ce qu'il faut pour en réduire la force et la couleur, et le liquide sera vendu ensuite sous le nom emprunté de quelques-uns de nos vignobles.

Le falsificateur, qui, par ces procédés, de *deux* hectolitres en fait *trois*, gagne sur *un* la totalité des droits
d'octroi, et, répartissant sur le tout le prix d'achat que
cela lui coûte, se trouve pouvoir empoisonner ses clients
à 30 pour % au-dessous du cours, tout en faisant
d'assez beaux bénéfices. Le marchand honnête ne peut,
sans se ruiner, soutenir une telle concurrence; et le
négociant en gros, qui voit vendre le vin au détail à
plus bas prix qu'il ne l'a vendu lui-même au marchand,
ne cesse de prescrire aux courtiers, chargés de renou-
veler ses approvisionnements, d'abaisser de plus en plus
le taux de leurs achats. De là cette baisse progressive,
sans mesure, sans fin, qui, dans dix départements, a
fait tomber le prix du vin au-dessous des frais de culture
de la vigne.

Ce qui a surtout donné entrée à la fraude, c'est la
faculté accordée par la loi du 24 juin 1824, de verser
jusqu'à 5 pour % d'alcool dans les vins sans faire payer
à ces derniers, pour leur entrée dans les villes, de
plus forts droits qu'avant ce mélange. C'est préparer
sous les yeux de l'administration un breuvage ardent
dont le marchand, une fois chez lui, s'empressera de
tempérer la violence au moyen d'une large addition
d'eau.

Avec certains vins du Midi, très-hauts en couleur,
déjà alcoolisés au lieu de provenance, et que l'on *vine*
encore, soit hors des barrières, soit à l'entrepôt, avec
des eaux-de-vie de fécule, de copieuses additions d'eau
mêlée de vinaigre peuvent d'une barrique en faire
deux.

La législation actuelle est impuissante pour empê-
cher des fraudes aussi condamnables. La chimie n'a

point encore trouvé le moyen de distinguer, dans le vin,
l'eau et l'alcool qu'il contient naturellement, de ceux
que la fraude y a introduits ; et quand la contravention
est constatée, la pénalité, qui ne fait perdre au falsificateur qu'une portion souvent très-minime de ses bénéfices, ne l'empêche pas de recommencer bientôt sa cou-
pable industrie. L'intérêt de la moralité publique et
celui des consommateurs s'unissent à l'intérêt des cultivateurs de vignes pour réclamer des mesures qui met-
tent un terme à d'aussi scandaleux désordres.

Vous connaissez maintenant, Messieurs, les sources
principales du mal qui désole les contrées vinicoles ;
nous avons aussi indiqué quelques-uns des moyens les
plus propres à y apporter du soulagement ; votre commission ne doute pas que vous n'accordiez toute votre
sympathie à cette branche si considérable et si grave-
ment atteinte de l'agriculture, et que vous n'appeliez
pour elle de tous vos vœux un meilleur avenir.

CONCLUSIONS.

Le Congrès central d'agriculture émet le vœu que le gouvernement veuille bien proposer une loi :

1° Pour que la surtaxe, faisant partie de l'octroi de quatre cent
cinquante villes de France, soit supprimée à une époque plus rap-
prochée que celle fixée par la loi ;

2° Pour que le droit d'octroi lui-même soit suffisamment
abaissé ;

3° Pour que le droit d'entrée, levé au profit du Trésor, soit
également réduit ;

4° Qu'une loi réalise, le plus promptement possible, la proposition soumise à la chambre par MM. Mauguin, Lassalle et Tesnières sur la falsification des vins, telle que cette proposition a
été amendée par la commission de la chambre ;

5° Le Congrès espère que les vins auront leur place dans la loi
sur la propriété des marques de fabriques et des estampilles de

commerce, annoncée comme devant être prochainement présen-
tée aux chambres par M. le ministre de l'agriculture et du commerce ;

6° Le Congrès hâte de ses vœux les plus pressants la promulgation des règlements d'administration publique qui doivent faire
jouir les alcools destinés à l'éclairage ou aux besoins de diverses
industries, de l'exemption de droits que leur assure la loi votée
par les chambres et sanctionnée par le gouvernement sur la dénaturation des alcools ;

7ª Le Congrès sollicite instamment le gouvernement de faire
tous ses efforts pour obtenir des nations étrangères, et notamment des Etats-Unis, un abaissement des droits exorbitants qui
frappent sur nos vins et eaux-de-vie ;

8° Les frais de transport d'une marchandise aussi lourde et
aussi encombrante que les vins étant l'une des causes les plus
graves de la détresse des contrées vinicoles du Midi, le Congrès
prie instamment le gouvernement de faire passer, autant qu'il
dépendra de lui, sur toutes les voies de communication à tarif,
et particulièrement sur les chemins de fer, les droits de péage
sur les vins et les alcools de la première classe à la seconde
classe ;

9° Le Congrès émet enfin le vœu que le gouvernement applique
aux droits qui frappent les cidres et les poirés les modifications
réclamées pour les vins.

M. Julien. La position déplorable des propriétaires
de vignes est malheureusement trop bien constatée par
leur situation hypothécaire, ainsi qu'on l'a démontré
à une autre tribune. Cette condition désastreuse ne
provient pas d'une trop grande extension donnée à la
culture de la vigne. Des plants de choix ont été rem-
placés, il est vrai, par des plants inférieurs donnant
davantage ; mais l'augmentation de rendement n'a pas
compensé l'accroissement de la population. Il faut
chercher ailleurs la cause du mal.

Depuis quelques années, les villes de quelque importance ont contracté des engagements sans rapport avec leurs ressources; pour y subvenir, elles ont établi des octrois. Les ressources pécuniaires des consommateurs n'ayant pas augmenté, les producteurs ont été obligés de fournir au même prix, et le poids de l'octroi est retombé sur eux. Les plus honnêtes s'y sont ruinés, les autres ont fait la fraude, soit en trompant la vigilance des employés, soit en frelatant les boissons. Cette fraude est spécialement celle du commerce interposé entre le producteur et le consommateur.

Ainsi, sur 300,000 pièces de vin qui se vendent à Paris sous le nom de Mâcon, 30,000 au plus sont naturels; le surplus est un mélange composé ainsi qu'il suit :

Pour une pièce de 212 litres : 60 litres de Bourgogne, 50 hectolitres de vin du Cher, 50 litres de vin du Midi, 52 de vin blanc d'Anjou.

Les vins de Bordeaux et de la Côte-d'Or se font également à Paris.

Ces mélanges sont inoffensifs. Il en est d'autres qui compromettent la santé publique. On désigne à Paris sous le nom de presse le produit de différents résidus :

1° De la lie que les presseurs achètent chez les marchands de Paris, et qui se compose en grande partie de substances qui ont servi au collage.

2° Des résidus de brasserie et fabriques de cidre.

3° De fruits gâtés, de mélasse et sirop de fécule.

Toutes ces matières sont mélangées dans des cuves avec une grande quantité d'eau. Elles y fermentent; puis on y ajoute une faible quantité de vin du Midi alcoolisé, et l'on colore au moyen d'une décoction de fruit de sureau ou autre matière colorante. (Ces faits

sont authentiques et puisés dans le recueil administra-
tif du département de la Seine.)

De nos jours, on se borne en général à surcharger
d'alcool hors barrière les vins les plus noirs, et à dou-
bler la quantité au moyen de l'eau, sans renforcer la
couleur de ce mélange.

Enfin, il paraît avéré que l'eau qui entre dans la fabrication du vin à Paris peut être évaluée au quart de
sa consommation.

L'énormité des droits d'entrée et d'octroi contri-
buent sous un autre rapport à démoraliser le peuple.
L'ouvrier attiré hors barrière par la différence du prix
des vins, y va dépenser dans l'orgie le fruit de son travail, et consommer en un jour les ressources qui de-
vaient subvenir pendant une semaine aux besoins de sa
famille.

Ce n'est donc pas seulement au nom des propriétaires
de vignes écrasés d'impôts, au nom des 2,250,000 ou-
vriers employés à cette culture, que je demande un allé-
gement, c'est encore bien plus au nom de ces populations immenses agglomérées dans les grandes villes, qu'on
empoisonne chaque jour avec des boissons frelatées.

Il s'agit ici d'une question d'ordre et de morale publique, et c'est par un vote unanime que je vous
demande d'accueillir les conclusions de notre commission.

M. WISSOCK. La question est fort importante ; elle
a fait dire au Midi qu'on le sacrifiait au Nord, et elle
établit un esprit d'antagonisme entre les deux extrémi-
tés de la France. Nous devons tenir à prouver que cette
pensée est erronée, en examinant sans préoccupation à
quoi tiennent les souffrances des pays vinicoles.

Il est incontestable que dans les départements voisins de la capitale on plante de nouvelles vignes dans des terrains très-propres aux céréales, tandis que dans le Midi, dans la Gironde surtout, on arrache des vignes dans les terrains qui ne sont susceptibles d'aucune autre culture.

Il est constant d'ailleurs que le Midi est plus favorable à la vigne que les pays moins chauds, où l'humidité du climat seconde mieux la culture des céréales.

Il suit de là que la législation actuelle n'est pas la cause de la détresse du Midi vinicole; et que par une autre cause, la production du vin tend à quitter cette région où elle convient essentiellement, pour se porter vers le Nord.

La véritable cause de cette anomalie est tout entière dans la difficulté des voies de communication, et dans les frais de transport qui grèvent les vins du Midi depuis le lieu de production jusque chez les consommateurs ; elle est dans la durée des transports et la lenteur des arrivages, et enfin dans la plus grande difficulté des relations entre le consommateur ou l'acheteur et le producteur. Le consommateur qui achète du vin a souvent besoin de l'avoir immédiatement, il ne peut attendre deux à trois mois qu'il arrive de chez le propriétaire du Midi. Le négociant préfère encourager la consommation des vins qu'il trouve à proximité, plutôt que celle des vins des pays éloignés, parce que cela lui évite les chances et les dépenses d'approvisionnements considérables. Il aime d'ailleurs à voir et à suivre les marchandises qu'il achète, ce qu'il fait d'autant plus facilement que les communications sont plus aisées entre les lieux de consommation et de production.

La solution de la question vinicole, du moins en ce qui concerne la détresse des pays méridionaux, dépend donc beaucoup de la diminution des frais de transport, de la facilité et de la rapidité des communications. Il est à désirer que le gouvernement presse autant que possible la construction des chemins de fer conduisant de Bordeaux, et de Montpellier en Alsace et en Belgique, et accorde aux vins le tarif le plus bas possible sur ces voies de communication.

J'appuierai encore le vœu d'une diminution de droits sur les alcools dénaturés destinés au commerce et à l'industrie. La loi en question augmentera tellement la consommation de l'alcool, que les pays des vignes ne suffiront pas à sa production, et qu'il en résultera l'érection d'une foule de distilleries de grains et de pommes de terre. L'exemple de la Belgique prouve à quel point ces établissements sont utiles à l'agriculture. Les résidus de ces fabrications renferment presque toute la partie nourrissante ou azotée de la matière première ; il en résulte une immense production d'engrais. Les distilleries belges ont procuré aux terrains sablonneux où elles s'élevèrent une fertilité remarquable. Le gouvernement eut la malheureuse idée d'imposer les alcools provenant de ces usines ; elles suspendirent leurs travaux ; les résidus de la fabrication manquèrent au nourrissage, la production du fumier se ralentit : de là, appauvrissement successif de la terre, et retour à sa stérilité primitive. Le gouvernement, éclairé par cette expérience, diminua les droits ; les usines s'élevèrent de nouveau, et la terre reprit sa fertilité.

M. DE ROMANET. Voici un fait nouveau que je m'empresse de signaler, parce qu'il est de la plus grande importance pour notre industrie agricole. Le rapport lumineux de M. Dezeimeris a apporté un changement radical dans la discussion de la question des vins. Jusqu'à ce jour, les hommes qui s'étaient produits comme organes de l'industrie vinicole avaient cherché à l'isoler de toutes les autres industries nationales ; mais M. le rapporteur, qui a attaqué le mal à sa source et appelé la discussion sur son véritable terrain, vient de vous démontrer que le vrai, que le seul marché de nos vins, c'est le marché français *. Ce résultat fait disparaître le seul élément de division qui existât entre les différentes branches de notre industrie agricole.

Il me paraît utile, pour simplifier la question qui nous occupe, de distinguer les vins communs, consommés dans le pays même où ils se récoltent, des vins dits *de luxe*. Les premiers s'écoulent facilement; les souffrances des producteurs de vins de luxe ne sont que trop réelles. Mais leur ennemi est malheureusement au-dessus de la puissance législative. Cet ennemi c'est la mode, qui ne permet plus de boire que des vins ordinaires et quelques vins très-légers. Il est résulté de là un changement profond dans la valeur réelle de la matière imposable. Lorsque la répartition de l'impôt foncier a été faite, il y a près d'un demi-siècle, dans les pays producteurs de vins de luxe, la valeur de leur produit était triplé de ce qu'elle est depuis nombre d'années. Or, l'impôt doit être basé sur la valeur réelle

* Le *seul*, c'est trop dire ; le *principal*, à la bonne heure. N'oublions pas que durant plusieurs siècles Bordeaux dut sa prospérité au transport à l'étranger des vins de la Gironde et de ses affluents, et que les 14 ou 15 cent mille hectolitres de vins que l'étranger nous enlève, représentent une valeur de plus de 150 millions. (*B.*)

du produit; s'il s'écarte de ce but, dans la proportion d'un tiers, en ce qui touche les vins dont nous parlons, l'impôt cesse d'être juste. Il y a donc lieu à étudier une nouvelle répartition de l'impôt foncier entre les divers cantons et les diverses communes des départements, dont quelques parties sont productives de vins de luxe ; les conseils généraux jugeront...

M. Desvarannes. Depuis 1789, les octrois des vins à Paris ont toujours été en s'élevant , et voici ce qui en est résulté pour la consommation : 1789, 134 litres par habitant. — 1798, 136 lit.—1811, 160 lit.—1825, 125 lit. — 1835, 102 lit. —1843, 97 lit. Ce qui justifie l'opinion d'un célèbre économiste. « La consommation, disait-il , peut être comparée à la section faite dans une pyramide triangulaire parallèlement à la base, et qui diminue à mesure qu'elle se rapproche du sommet représentant l'élévation de l'impôt.»

La commission demande la suppression de la surtaxe, parce qu'elle est illégale; l'uniformité du droit d'entrée, parce que c'est l'égalité des charges promise par nos lois; et la diminution des droits, pour détruire l'encouragement à la fraude, ce qui est de toute moralité. Je ne pense pas que ces propositions puissent trouver la moindre opposition dans notre enceinte.

M. Chasles (député) croit que le désir de favoriser la production des vins rend injuste à l'égard des droits d'octroi. Il ne faut pas oublier que pour un grand nombre de villes, l'octroi est la seule ressource dont elles puissent disposer pour subvenir à leurs charges nécessaires, à l'entretien des rues, à l'éclairage, etc. Certainement il y a des abus, mais c'est là l'exception, et la plupart des villes, entre autres celle qu'il administre , n'ont d'autre revenu que l'octroi. Le leur retirer, ce serait les mettre dans la plus fâcheuse position.

Ce sont les droits d'entrée qu'il faudrait diminuer plutôt que le droit d'octroi, ou tout au moins il faudrait frapper proportionnément sur les uns et sur les autres.

M. COLLIBAULT DE CHAMPVALLON dit que les droits d'octroi ne sont pas répartis convenablement entre les divers produits ; on les a exagérés outre mesure sur les vins.

La plupart des articles soumis aux droits payent au plus, en moyenne, 10 p. % de la valeur; le vin, au contraire, paye 120 p. %. En général, les tarifs ont été concédés sans un examen suffisant de leur convenance. On s'est préoccupé des intérêts des villes, de leur embellissement; mais on aurait dû se préoccuper aussi des intérêts des consommateurs, et c'est ce que l'on a constamment perdu de vue.

M. TESNIÈRES établit par des documents positifs que les vins et les alcools payent plus du tiers de la production totale des octrois; il donne quelques explications sur la dénaturation des alcools destinés à l'éclairage, et dit qu'à l'heure qu'il est, le conseil d'état s'occupe à cet égard d'un règlement d'administration publique.

Les conclusions du rapport sont adoptées.

RAPPORT

FAIT

PAR M. DEZEIMERIS,

LE 24 MAI 1845.

Messieurs,

Pour la première fois, l'an dernier, au congrès central d'agriculture, les cultivateurs de vignes vinrent prendre place et furent fraternellement admis dans le sein de la grande famille agricole. Jusqu'alors on avait cru pouvoir parler au nom de l'agriculture française sans s'occuper d'eux; on cherchait à relever l'importance de l'exploitation de notre sol, sans daigner se rappeler qu'ils en ont fertilisé la vingtième partie; on se récriait sur les charges annuelles du budget, et l'on oubliait que, de toutes ces charges, il y en a près d'un dixième qui ne pèse que sur eux.

De leur côté, oubliant qu'ils n'étaient pas seuls en France, pour sortir d'une situation qui n'est plus tolérable, ils eurent le tort de réclamer des mesures dont l'application, faite sans réserve, aurait mis en danger l'existence de toutes nos industries.

De part et d'autre il faut désormais sortir de ce point de vue égoïste où chacun s'obstinait à se renfermer.

Les cultivateurs de vignes renoncent à ce qu'il y avait d'exagéré dans ces utopies qu'avaient rêvées pour eux les économistes, et qui, leur présentant sans cesse le monde entier prêt à leur ouvrir ses marchés, les empêchaient de voir le marché français se resserrant chaque jour devant leurs produits, au lieu de grandir, comme font toutes choses en notre siècle.

Quant à nous, délégués de contrées qui cultivent la vigne, mais qui cultivent aussi le blé, élèvent du bétail, et possèdent des usines et des fabriques, chargés déjà précédemment d'exposer devant vous les faits principaux de la question vinicole, nous croyons avoir le droit d'affirmer que nul ne saurait ici sans injustice élever contre nous le moindre soupçon d'exagération. Ce que nous allons dire de la situation de l'agriculture vinicole, on peut le tenir pour rigoureusement exact.

Nous vous avons montré, l'an passé, cette grande industrie, qui fit longtemps la richesse de la France, et contribuait à sa grandeur en lui fournissant l'élément principal de sa navigation, attaquée à la fois dans toutes les sources de sa prospérité, dans toutes les conditions de son existence.

Une sorte de nécessité fatale agit incessamment pour aggraver le mal ; les hommes ne font rien pour l'arrêter ou le suspendre.

Malgré des ventes avantageuses faites dans la classe des vins de qualité moyenne et inférieure et dans quelques hauts crûs de vins rouges, il n'y a rien de changé dans la situation des cultivateurs de vignes. Nos exportations dans le nord de l'Europe, en Russie, en Norwége, en Suède, en Danemark, aux villes Anséatiques, en Hollande, en Belgique, celles en Angleterre, dans l'Inde, aux États-Unis et dans tous les pays transatlantiques, ont éprouvé dans les années 1842, 1843 et 1844, une décroissance continue et progressive, qui est de nature à redoubler nos appréhensions pour l'avenir.

Les premiers des états qui viennent d'être indiqués vont trouver dans notre nouvelle loi de douanes des aggravations de droits contre plusieurs de leurs produits, qui ne peuvent qu'amener une diminution nouvelle dans la consommation qu'ils font de nos vins.

Des tarifs relevés, des droits différentiels établis en faveur de notre pavillon et commandés par l'infériorité de notre marine, vont réduire, au détriment de ces pays, les importations en France de graines oléagineuses, de suifs, de peaux fraîches, de chanvres et de lins, de produits de diverses industries, et vont restreindre par conséquent, dans une certaine mesure, nos relations commerciales avec eux.

L'intérêt maritime de la France, l'intérêt agricole, l'intérêt manufacturier, l'ont exigé, mais sans nul doute l'intérêt vinicole doit en souffrir.

Les compensations que nous venons vous demander en son nom ne coûteront de sacrifices à personne ; mais nous comptons du moins sur un sentiment prononcé de bienveillance de votre part, et sur un concours franc et loyal dans les efforts qui seront nécessaires pour nous les faire obtenir.

Vous connaissez, Messieurs, les causes de nos souffrances. Nous vous avons particulièrement signalé, l'an dernier, les deux principales : le système des contributions indirectes, qui grève nos produits de l'effroyable charge de cent millions, et les octrois, dont le chiffre n'est que de vingt-cinq millions, mais dont l'influence désastreuse est multipliée par celle qu'exercent la fraude, les sophistications, les falsifications, véritable peste qu'ils ont engendrée.

Sans doute le moment est venu, pour les esprits même les plus réservés, d'entreprendre une réformation profonde de notre système d'impôts indirects sur les boissons. Ces impôts ont perdu par leur accroissement successif, par leur exagération, par leur multiplication sous toutes sortes de formes et de noms, par leur assiette absurde à ce point qu'ils frappent le produit non en raison de sa *valeur réelle* mais en raison des frais dont il est déjà grevé, et par conséquent de sa *non-valeur*, par l'influence sur la production, qu'ils exercent en sens inverse des intérêts généraux du pays, ils ont perdu complétement; disons-nous, leur caractère d'impôts de consommation. Ils sont devenus quelque chose de monstrueux, d'injuste, de tyrannique, de contradictoire à l'esprit comme à la lettre de nos institutions. Il est impossible, malgré les tendances qui semblent concentrer toute l'attention des hommes d'état sur des affaires d'un caractère en apparence plus politique, il est impossible que de tels abus n'éveillent point enfin la sollicitude du gouvernement et ne saisissent pas l'opinion publique ; il est impossible qu'on ne comprenne pas qu'un tel système ne peut se conserver qu'en se réformant. Mais la tâche sera longue et laborieuse, car il s'agit de réformer et non de détruire, et nos souffrances réclament un soulagement immédiat ; c'est donc ailleurs qu'il faut le chercher.

Heureusement que, dans un autre ordre d'abus, l'excès du mal a préparé un remède énergique, sûr, d'une efficacité déjà éprouvée, et sans danger, pourvu qu'il soit administré d'une main ferme.

L'exagération des droits d'entrée et d'octroi sur les vins et les alcools a restreint à tel point la consommation, à tel point substitué à ces matières imposables le seul liquide, pour ainsi dire, qu'on n'ait pas encore jugé passible de droits, qu'il suffira de rendre à la consommation sa latitude naturelle, au vin la faculté de montrer qu'il vaut beaucoup mieux et ne coûte guère plus que l'eau, pour voir, avec des droits considérablement réduits, les recettes des villes et du trésor considérablement augmentées.

Aussi demandons-nous que ces droits soient réduits de moitié.

Permettez-nous de vous dire tout d'abord, messieurs, qu'il ne s'agit point, dans l'effet qu'on se promet d'une pareille mesure, de conjectures hasardées, d'applications plus ou moins plausibles de principes généraux d'économie politique ; il s'agit de résultats déjà constatés, d'expériences faites, de faits éprouvés et pris dans l'espèce.

Nous ne nous arrêterons point à vous démontrer, personne ne l'ignore, qu'une réduction de droits, quand elle est subite, quand elle est considérable, quand elle s'applique à une denrée usuelle, mais dont à la rigueur on peut se priver, amène toujours, amène nécessairement un accroissement considérable dans la consommation de cette denrée, et restitue ou élève la quotité des droits précédemment perçus. Des exemples sans nombre sont là pour le démontrer, et nous pouvons nous épargner le soin de les remettre sous vos yeux.

Un autre fait non moins certain, non moins éprouvé, c'est que des droits élevés font naître la fraude, que des droits exagérés la font croître, la font prospérer, en même temps qu'ils introduisent dans la société l'habitude de violer les lois et de faire métier de cette violation.

Les douanes qui protégent un produit au-delà d'une certaine mesure, n'ont pas d'effet plus certain que de lui procurer la concurrence d'un similaire frauduleux; les douanes qui protégent, à outrance, ne reçoivent bientôt plus qu'une fraction imperceptible du droit sur lequel elles avaient compté, et elles aboutissent à substituer dans une énorme proportion, sur le marché, la marchandise frauduleuse au produit national.

Les producteurs de vin se trouvent à la fois dans les deux cas posés dans les principes économiques incontestables qui viennent d'être énoncés, ils peuvent jouir simultanément du bénéfice de la double conséquence qui s'en déduit.

Que les droits s'abaissent, ils verront s'accroître la consommation de leur produit; que les droits s'abaissent, l'eau ne viendra plus se substituer au vin dans la consommation; ils fourniront la boisson du peuple et non plus seulement une sorte de matière première destinée à être manipulée, fabriquée, étendue surtout par les falsificateurs.

Mais quittons les généralités, et venons aux faits spéciaux qui démontrent qu'une diminution de moitié des droits d'entrée et des droits d'octroi tournerait au bénéfice commun du trésor de l'état, des villes, et des cultivateurs de vigne.

Deux points sont également faciles à établir, également constatés par l'expérience : le premier, que la consommation du vin et de l'eau-de-vie s'accroît ou se restreint en raison inverse des droits, et qu'elle a devant elle une marge considérable d'accroissements ; le second, que c'est *le droit* qui fait naître la falsification, *l'exagération du droit* qui lui donne l'énorme développement qu'on lui connaît et dont on gémit dans les grandes villes, *la réduction,* mais *la réduction considérable du droit,* qui, enlevant à la fraude sa prime, son aliment, peut seule la réduire, l'anéantir.

A Orléans, les droits sont de 8 francs 47 centimes par hectolitre ; la consommation est de 124 litres par tête ; — à Gien, les droits sont de 1 franc 78 centimes par hectolitre ; la consommation de 292 litres par tête.

A Saint-Quentin, les droits sont de 8 fr. 75 cent. par hectolitre ; la consommation de 134 litres par tête ; — à Soissons, les droits sont de 3 francs 20 centimes par hectolitre ; la consommation de 204 litres par tête.

Nous pourrions multiplier à volonté les exemples du même genre ; ils sont parfaitement concordants, et qui en connaît un les connaît tous.

Mais, dira-t-on, quelques rapprochées que soient les villes indiquées, elles sont peut-être placées dans des conditions diverses, quoique inaperçues, qui expliqueraient autrement, si on les connaissait, les différences frappantes qui viennent d'être signalées. Prenons alors des localités plus rapprochées les unes des autres.

A Lyon, avec un droit de 11 francs 66 centimes par hectolitre, la consommation annuelle est de 143 litres par tête ; — à la Croix Rousse, avec un droit de 3 fr.

20 cent. par hectolitre, la consommation est de 281 litres par tête.

La consommation de Vaise et de la Guillotière suit la même proportion.

A Paris, avec des droits énormes, la consommation apparente n'est pas de 100 litres par tête; — dans la banlieue de la capitale, avec des droits infiniment moindres, la consommation est infiniment plus considérable.

Mais pour mettre plus de rigueur encore dans la position de la question et ne laisser place à aucun subterfuge, examinons l'influence exercée par des droits différents, à diverses époques, dans l'intérieur d'une même ville.

A Paris, dans les premières années du dix-neuvième siècle, avec un droit de 7 francs 85 centimes, la consommation annuelle était de 165 litres par tête; — dans ce même Paris, avec un droit de 23 francs, la consommation est tombée à 97 litres par tête.

A Lyon, en 1801, 1802, 1803, au droit de 4 fr., la consommation annuelle était de 210 litres par tête; — maintenant au droit de 11 francs 66 centimes, elle est de 143 litres.

Ainsi, soit que nous prenions pour objet de comparaison deux villes voisines, ou une ville et sa banlieue, ou une seule ville, comparée à elle-même, à deux époques diverses, et soumise à des droits différents, nous constatons toujours le même résultat : droits élevés, consommation restreinte; droits modérés, grande consommation.

En 1826, à Montbrison, les droits d'octroi sur les vins et les spiritueux furent réduits de moitié. Les re-

cettes se maintinrent exactement au taux qu'elles attei-
gnaient avant la mesure. Il entra, en vins et en eaux-
de-vie, précisément le double de ce qui y entrait
auparavant.

Aux faits si décisifs que vous venez d'entendre, ajoutez, si vous n'étiez déjà complétement rassurés sur les
résultats financiers d'une réduction à moitié des droits
d'entrée et d'octroi, ajoutez, Messieurs, l'appréciation
des pertes énormes qui résultent, dans l'état actuel des
choses, pour les caisses des villes et de l'état, de l'exercice de la fraude et des falsifications, organisé en grand,
et qui soustrait à la perception des droits du tiers au
quart, pour le moins, de la consommation réelle.

Ainsi, à Paris, les calculs les plus modérés et les
plus sûrs portent à un chiffre de 300 à 400 mille hectolitres la quantité dont s'accroissent, dans l'intérieur
de la ville, les vins qui ont acquitté le droit d'octroi
pour en franchir les barrières. C'est le bénéfice énorme
à réaliser par chaque pièce *de vin* prise ainsi dans la
Seine, qui ne paye pas d'octroi pour traverser Paris,
auquel il faut surtout attribuer l'énorme développement
qu'a pris l'industrie des falsificateurs.

Vainement armeriez-vous, par une loi nouvelle, l'administration de moyens de répression plus énergiques
que ceux qu'elle avait jusqu'ici entre les mains; aussi
longtemps que la transmutation de l'eau en *vin* jouira,
par le fait de droits excessifs d'entrée et d'octroi, d'une
prime assez élevée pour couvrir toutes les chances d'a-
mendes et assurer encore les bénéfices d'une riche
industrie, on continuera, soyez en sûrs, à frauder
le fisc et à ruiner les producteurs assez honnêtes et
assez malhabiles pour ne savoir faire du vin qu'avec

des raisins. Mais que ces droits d'entrée et d'octroi soient réduits de moitié, que la prime donnée à la fraude disparaisse, ou du moins qu'elle se réduise à un taux qui fasse craindre au falsificateur de n'y plus trouver la compensation des condamnations auxquelles il s'expose, que cette mesure coïncide avec la promulgation de la loi contre les falsifications, et alors, le commerce ne pouvant débiter dans Paris plus de vin qu'il n'y en aura fait entrer, sera obligé d'y en introduire trois ou quatre cent mille hectolitres de plus qu'il ne fait maintenant. Ainsi, d'une part, droits perçus désormais sur une partie considérable de la consommation qui y échappait complétement; d'un autre côté, droits à percevoir sur une quantité indéterminée, mais assurément fort considérable de vins qui viendront accroître la consommation, quand les prix auront baissé de 25 ou 30 pour % par le fait de la mesure que nous réclamons, voilà, certes, de quoi maintenir et très-probablement de quoi relever le chiffre des produits de l'octroi et du droit d'entrée.

Aujourd'hui les droits sont acquittés pour environ 900 mille hectolitres chaque année; après la réduction de ces droits à moitié, ils seront perçus d'abord sur ces 900 mille hectolitres; puis sur les 300 ou 400 mille hectolitres qui enrichissent aujourd'hui les falsificateurs; enfin, sur trois ou quatre cent mille hectolitres, peut-être sur un demi-million, qui viendront accroître la consommation, au grand avantage de cette classe laborieuse à laquelle le vin est si nécessaire et qui est forcée de s'en priver par la cherté non du vin lui-même mais du droit qu'il faut payer pour en boire.

Voilà, sans nul doute, ce qui se passera à Paris, après la réduction des droits à moitié ; tout le monde y gagnera ; tout le monde est intéressé à réclamer cette mesure ; par quel aveuglement fatal pourrait-on s'obstiner à y supposer des dangers ?

Enfin, Messieurs, un grand exemple est là, plus complet et plus décisif qu'aucun autre, pour démontrer aux plus incrédules et les convaincre que l'aggravation des droits diminue les recettes en diminuant la consommation et développant la fraude, et qu'il n'y a pas de plus sûre spéculation à faire pour augmenter les recettes que de procéder énergiquement à de larges réductions de ces droits. Cet exemple est celui que nous fournit une des villes les plus importantes de France, cette leçon est celle que nous donne un des conseils municipaux dont les actes, depuis un grand nombre d'années, ont prouvé le plus de sollicitude et d'habileté dans la gestion des intérêts qui leur sont confiés. Nous parlons de la ville et du conseil municipal de Lyon. Dans les premières années du siècle actuel, les droits à acquitter par les alcools étant de 8 fr. par hectolitre, et la population de la ville de 88,919 âmes, les droits furent perçus sur 5,710 hectolitres. Depuis lors, la population et la quotité des droits se sont rapidement accrus ; le nombre des habitants était monté, en 1838, à 150,814 ; les droits s'étaient élevés à 75 fr. 86 c., et le résultat fut que 601 hectolitres seulement, au lieu de 5,710, subirent la perception de ces droits monstrueux. Sur les vins, résultats analogues.

Le conseil municipal de Lyon a vu dans ces faits ce qu'il était impossible de ne pas y voir : il a reconnu que

.ation des droits faisait perdre au Trésor et à la.
plus de 1,000,000 francs sur les vins, plus de
,000 francs sur les spiritueux.

L'évidence des faits était telle, que, pour faire cesser
ce dommage, le conseil municipal sollicita du gouvernement la réduction des droits de 75 fr. 86 c. à 30 fr.,
offrant de désintéresser le Trésor en lui payant annuellement une somme égale à la perception moyenne des
trois dernières années.

Une telle proposition, Messieurs, émanée d'une administration aussi prudente et aussi éclairée que le conseil municipal de Lyon, décide sans réplique, non-seulement la question spéciale des avantages qu'aurait pu
trouver cette ville à la mesure proposée, mais la question générale tout entière que nous discutons devant
vous.

L'insuccès d'une première démarche détermine le
conseil municipal à solliciter avec plus d'instance l'adoption d'une mesure qui devient chaque jour plus urgente,
et dont tout démontre l'efficacité. En 1839, après de nouvelles études, après un rapport dont il faudrait s'interdire
la lecture si l'on ne voulait pas se voir forcé d'en adopter
les conclusions, le conseil, à qui l'on avait précédemment refusé de placer la ville de Lyon sous un régime
exceptionnel, sollicita l'autorisation d'un abonnement
avec la régie des contributions indirectes, qui lui permit d'assumer au compte de la ville, d'une manière régulière et légale, toutes les chances aléatoires d'u
réduction de droits de 76 fr. à 28 fr. La moy
annuelle des recettes du Trésor était de 38,87
on offrait de porter l'abonnement à 50,000 fr.
ce qu'une loi eût réglé la matière.

« La sollicitude du gouvernement, disait le consei[l], n'aurait point à s'alarmer du risque apparent mais chimérique que paraîtrait courir la ville de Lyon. Cette mesure ferait à la fois le bien public et particulier, par l'accroissement des recettes du Trésor, par l'accroissement des recettes de la ville, par le soulagement du commerce et des consommateurs, et par la cessation d'une grande source d'immoralité. »

A des convictions aussi nettement exprimées par des hommes compétents, à des faits aussi décisifs, il n'y a rien à ajouter ; on sait ce que vaut, on sait ce que produirait la mesure proposée : il n'y a plus qu'à vouloir.

Votre commission, Messieurs, a l'honneur de vous proposer d'adopter les conclusions suivantes :

Le Congrès émet le vœu

1° Que les droits d'entrée perçus sur les boissons [a]u profit du Trésor soient diminués de moitié ainsi que [les] droits d'octroi ;

[2]° Que la loi contre les falsifications des vins, amen[dée] par la chambre des pairs, soit adoptée par la [chambre] des députés dans le cours de cette session, [sanctionné]e par le Roi, et promulguée le plus tôt pos[sible.]

[...]s hâte de ses vœux les plus pressants [... le]s règlements d'administration pu[blique ... f]aire jouir les alcools destinés à [... le]s de diverses autres industries [... q]ue leur assure la loi votée [...]ée par le gouvernement [... I]l conjure l'adminis-

l'exagération des droits faisait perdre au Trésor et à la ville plus de 1,000,000 francs sur les vins, plus de 100,000 francs sur les spiritueux.

L'évidence des faits était telle, que, pour faire cesser ce dommage, le conseil municipal sollicita du gouvernement la réduction des droits de 75 fr. 86 c. à 30 fr., offrant de désintéresser le Trésor en lui payant annuellement une somme égale à la perception moyenne des trois dernières années.

Une telle proposition, Messieurs, émanée d'une administration aussi prudente et aussi éclairée que le conseil municipal de Lyon, décide sans réplique, non-seulement la question spéciale des avantages qu'aurait pu trouver cette ville à la mesure proposée, mais la question générale tout entière que nous discutons devant vous.

L'insuccès d'une première démarche détermine le conseil municipal à solliciter avec plus d'instance l'adoption d'une mesure qui devient chaque jour plus urgente, et dont tout démontre l'efficacité. En 1839, après de nouvelles études, après un rapport dont il faudrait s'interdire la lecture si l'on ne voulait pas se voir forcé d'en adopter les conclusions, le conseil, à qui l'on avait précédemment refusé de placer la ville de Lyon sous un régime exceptionnel, sollicita l'autorisation d'un abonnement avec la régie des contributions indirectes, qui lui permit d'assumer au compte de la ville, d'une manière régulière et légale, toutes les chances aléatoires d'une réduction de droits de 76 fr. à 28 fr. La moyenne annuelle des recettes du Trésor était de 38,870 fr.; on offrait de porter l'abonnement à 50,000 fr., jusqu'à ce qu'une loi eût réglé la matière.

« La sollicitude du gouvernement, disait le conseil, n'aurait point à s'alarmer du risque apparent mais chimérique que paraîtrait courir la ville de Lyon. Cette mesure ferait à la fois le bien public et particulier, par l'accroissement des recettes du Trésor, par l'accroissement des recettes de la ville, par le soulagement du commerce et des consommateurs, et par la cessation d'une grande source d'immoralité. »

A des convictions aussi nettement exprimées par des hommes compétents, à des faits aussi décisifs, il n'y a rien à ajouter ; on sait ce que vaut, on sait ce que produirait la mesure proposée : il n'y a plus qu'à vouloir.

Votre commission, Messieurs, a l'honneur de vous proposer d'adopter les conclusions suivantes :

Le Congrès émet le vœu

1° Que les droits d'entrée perçus sur les boissons au profit du Trésor soient diminués de moitié ainsi que les droits d'octroi ;

2° Que la loi contre les falsifications des vins, amendée par la chambre des pairs, soit adoptée par la chambre des députés dans le cours de cette session, sanctionnée par le Roi, et promulguée le plus tôt possible ;

3° Le Congrès hâte de ses vœux les plus pressants la promulgation des règlements d'administration publique, qui doivent faire jouir les alcools destinés à l'éclairage ou aux besoins de diverses autres industries de l'exemption de droits que leur assure la loi votée par les chambres et sanctionnée par le gouvernement *sur la dénaturation des alcools.* Il conjure l'administration de réduire le droit de dénaturation au taux le plus bas qu'il sera possible ;

4° Le Congrès sollicite instamment le gouvernement de faire tous ses efforts pour obtenir des nations étrangères, et notamment des États-Unis et autres États transatlantiques, un abaissement des droits excessifs qui frappent nos vins et eaux-de-vie ;

5° Le Congrès prie instamment le gouvernement de faire passer, autant qu'il dépendra de lui, sur toutes les voies de communication à tarifs, et particulièrement sur les chemins de fer, les droits de péage sur les vins et les alcools de la première classe à la seconde ;

6° Le Congrès applaudit aux nouvelles tendances des défenseurs de la cause des cultivateurs de vigne. Il voit avec une vive satisfaction un intérêt aussi important que l'intérêt vinicole chercher à s'harmoniser avec tous ceux qui se rattachent à l'exploitation du sol national, car le principe de leur prospérité respective n'est pas l'*antagonisme* mutuel, mais la *solidarité*.

Ce rapport est accueilli par des marques générales d'adhésion.

M. JULIEN développe les considérations qui doivent amener la diminution immédiate des droits d'octroi ; la loi sur la dénaturation des alcools, dit-il, ne sera d'aucun avantage pour les producteurs de vins, par la raison que les eaux-de-vie de vin ne pourront, quant au bas prix, soutenir la concurrence des alcools obtenus des résidus des fabriques de sucre, des féculeries, et même des eaux-de-vie de grain.

UN MEMBRE demande que les droits soient augmentés sur les eaux-de-vie, dont les classes ouvrières font un fâcheux abus.

M. Dezeimeris : Le but que se proposerait le préopinant est inspiré par un sentiment fort honorable, mais il se trompe assurément sur la nature des moyens sur lesquels il est permis de compter pour l'atteindre. Ce n'est point par des lois d'impôt qu'on peut espérer de moraliser des populations. Il n'y aurait qu'une seule mesure qui fût capable d'arracher les populations ouvrières à l'habitude détestable et honteuse d'user avec excès des boissons alcooliques, ce serait celle qui mettrait l'usage du vin à leur portée, en en diminuant considérablement le prix par la suppression des droits multipliés qui le frappent.

La proposition de renforcer ou de maintenir les droits sur l'eau-de-vie n'a pas de suite.

Un Orateur demande que les vœux du congrès s'appliquent aux cidres et poirés.

M. Berton répond que la commission en se servant du mot *boissons*, dans le même sens que le législateur l'a fait dans l'intitulé de ses lois fiscales, a compris sous cette désignation générique les cidres et poirés.

Un article spécial pour ces deux variétés de boissons formerait double emploi. Quant à la bière, elle n'est passible que d'un droit de fabrication de 2 fr. pour la bière forte, de 50 c. pour la petite bière, et ne paye aucune taxe de circulation ni d'entrée.

Les conclusions du rapport sont adoptées à la presque unanimité.

N° 1.

TARIF

DE

LA LOI DU 15 DÉCEMBRE 1830.

Droits d'entrée au profit de l'État.

POPULATION DES COMMUNES.	1re CLASSE.	2e CLASSE.	3e CLASSE.	4e CLASSE.	CIDRES, POIRÉS.	ALCOOL PUR.
4,000 à 6,000	» 60	» 80	1 »	1 20	» 50	4 »
6,000 à 10,000	» 90	1 20	1 50	1 80	» 75	6 »
10,000 à 15,000	1 20	1 60	2 »	2 40	1 »	8 »
15,000 à 20,000	1 50	2 »	2 50	3 »	1 25	10 »
20,000 à 30,000	1 80	2 30	3 »	3 60	1 50	12 »
30,000 à 50,000	2 10	2 80	3 50	4 20	1 75	14 »
50,000 et plus..	2 40	3 20	4 »	4 80	2 »	16 »
Droit de ciculation, suivant la destinat.	» 60	« 80	1 »	1 20		
Aux entrées de Paris 8 fr.				4 »	50 »	

NOTA. Il faut ajouter le décime par franc aux chiffres ci-dessus.

Après l'abolition de la surtaxe des octrois, les droits d'octroi cumulés avec ceux d'entrée donneront dans les villes des 3e et 4e classe de 15,000 âmes et au-dessus, dans les villes de la 2e classe de 20,000 et au-dessus et dans les villes au-dessus de 50,000 âmes de la 1re classe, une somme de droits qui avec le droit de circulation à 1 fr. en moyenne, progressera ainsi par pièce de 220 hectolitres. 12 fr. 66 — 13 fr. 10 — 13 fr. 55 — 14 fr. 94 — 15 fr. 86 — 16 fr. 34 — 17 fr. 07 — 18 fr. 63 — 20 fr. 50 — 21 fr. 40 — 24 fr. 08. C'est, dans une année abondante, de 90 à 190 p.0/0 de la valeur des vins communs de l'année.

TABLEAU DES DROITS D'ENTRÉE,

Réduits de moitié d'après le vœu du Congrès.

POPULATION DES COMMUNES.	1ʳᵉ CLASSE.		2ᵉ CLASSE.		3ᵉ CLASSE.		4ᵉ CLASSE.		CIDRES, POIRÉS.		ALCOOL PUR.	
4,000 à 6,000	»	30	»	40	»	50	»	60	»	25	2	»
6,000 a 10.000	»	45	»	60	»	75	»	90	»	37¹/₂	3	»
10,000 a 15,000	»	60	»	80	1	»	1	20	»	50	4	»
15,000 à 20,000	»	75	1	»	1	25	1	50	»	62¹/₂	5	»
20,000 à 30,000	»	90	1	15	1	50	1	80	»	75	6	»
30 000 a 50,000	1	5	1	40	1	75	2	10	»	87 ·/₂	7	»
50,000 et plus..	1	20	1	60	2	»	2	40	1	«	8	»
Droit de circulation, suivant la destinat.	«	60	»	80	1	»	1	20				
Aux entrées de Paris 4 fr.									2		25	»

Les droits cumulés d'octroi et d'entrée, par hectolitre, s'élèveront après la suppression des surtaxes, au même chiffre, à peu près, que celui indiqué par le tableau n° 1. Ainsi, la pièce de 220 litres qui paye à Paris 45 fr. à l'entrée, ne payera que 19 fr 40 c. — différence: 25 fr. 60 c., dont moitié au profit du producteur, moitié au profit du consommateur. L'avantage du consommateur sera même plus considérable quant aux vins les plus communs, susceptibles de s'écouler à la fois en plus grande quantité.

CONSOMMATION

DES

VINS ET EAUX-DE-VIE,

PAR TÊTE,

DANS LES DÉPARTEMENTS OU LES DROITS SONT LES PLUS ÉLEVÉS,

3e et 4e classes,

d'après la Statistique agricole officielle.

CLASSES.	DÉPARTEMENTS.	POPULATION.	VINS. Litres.		EAUX-DE-VIE. Litres.		NOTES.
3e	Aisne	542,213	24	9	4	57	(¹) Plus de moitié produite arrondiss. de Roanne et les 3/5 arrond. de St-Étienne — (²) Consommation clandestine d'eau-de-vie de pommes de terre, etc. — (³) Dans Seine-et-Marne et Seine-et-Oise, vignoble planté contre nature, que remplaceraient utilement les prés artificiels et les cultures potagères. Ainsi, lait falsifié, légumes chers, vins détestables, voilà ce que la Banlieue de Paris offre à la consommation de la capitale. La faute en est évidemment à l'excès des droits sur les boissons. — (⁴) Cette quote-part et celle des vins résultent du dénombr.t des quantités ayant payé les droits d'octroi en 826—27 et 28 (Arch. stat. de 1837), d'après M. Brunet, de Bordeaux, la consommation des vins serait de 7 h. par tête. Le départ. consomme au reste beaucoup d'eau-de-vie de pommes de terre fabriquée à domicile. — (⁵) Même observations que pour les départem. du Nord.
—	Cantal	257,423	8	4	»	36	
—	Creuse	278,029	17	15	»	66	
—	Doubs	275,297	50	2	1	20	
—	Eure	425,780	13	22	5	63	
—	Eure-et-Loire	286,368	28	99(¹)	2	30	
—	Loire	434,085	80	2	»	90	
—	Haute-Loire	298,137	15	42	»	70	
—	Lozère	140,768	44	70	»	40	
—	Morbihan	446,331	2	56	1	36	
—	Oise	398,868	27	»	5	90	
—	Bas-Rhin	560,113	71	32	»(²)	9	
—	Haut-Rhin	464,466	69	»	1	50	
—	Sarthe	470,535	19	8	1	76	
—	Haute-Saone	347,627	63	14	1	73	
—	Seine et-Marne	333,260	87	40(³)	2	43	
—	Seine-et-Oise	551,543	80	49	6	56	
—	Haute Vienne	292,848	22	38	1	27	
—	Vosges	419,992	49	51	2	38	
4e	Ardennes	319,167	17	64	»	99	
—	Calvados	496,198	»	46	3	35	
—	Côtes-du-Nord	607,572	2	32	1	67	
—	Finistère	576,068	10	94	5	17	
—	Ille-et-Vilaine	549,417	»	68	3	80	
—	Manche	597,334	1	66	2	81	
—	Mayenne	361,392	»	72	3	67	
—	Nord	1,085,298	3	»	1	17(⁴)	
—	Orne	442,078	1	9	3	86	
—	Pas-de-Calais	685,021	2	76	1	22(⁵)	
—	Seine-Inférieure	737,501	2	49	13	56	
—	Somme	559,680	4	55	8	15	

L'usage des bières, cidres et poirés n'est pas la seule cause de cette absence de consommation des vins dans le Nord de la France; la plupart des départements de cette région consomment, vin, bière, cidre et poiré compris, moins de de 1 h. 20 l. par tête, moyenne de la consommation générale des boissons.

Ainsi le Finistère boit 64 litres; le Morbihan 80, la Sarthe 64, la Mayenne 95, l'Aisne 75, le Pas-de-Calais 80, l'Eure-et-Loir 80, l'Ille-et-Vilaine 1 hectolitre, la Somme 1, le Bas-Rhin 1, Seine-et-Marne 1 h. 5, Seine-et-Oise 86 litres, les Vosges et la Moselle 50.

D'ailleurs la moyenne de 1 hectolitre 20 lit. n'est en rapport ni avec les besoins hygiéniques du Nord de la France, ni avec sa richesse agricole et industrielle; cette moyenne pourrait être fixée sans exagération à 1 hectolitre 50 lit. et la production viticole pourrait fournir ce complément sans déboiser les vergers de la Normandie, ou nuire à la fabrication des bières.

Dira-t-on qu'il ne s'agit, d'après la statistique officielle, que de la consommation des vins soumis à l'exercice dans les départements non-producteurs du nord-ouest? Ceux soumis à l'octroi dans ces mêmes départements, donnent par tête un supplément de consommation fort minime, témoin le tableau des archives statistiques de 1837 que nous avons cité ci-contre. D'après ce tableau, le Calvados aurait une consommation urbaine de 7922 hectolitres, au lieu d'une consommation exercée de 2321. La Seine-Inférieure une de 36255 au lieu de 18364 hectolitres. Ces exemples dispensent d'en citer d'autres.

Paris. — Imprimerie Dondey-Dupré, rue Saint-Louis, 46, au Marais.

Imprimerie de V.e Dondey-Dupré, rue Saint-Louis, 46, au Marais.

www.ingramcontent.com/pod-product-compliance
Lightning Source LLC
Chambersburg PA
CBHW061251050726
47594CB00004B/1454